U0171732

地球和恒星

蓝灯童画 著绘

读者出版传媒股份有限公司
甘肃科学技术出版社

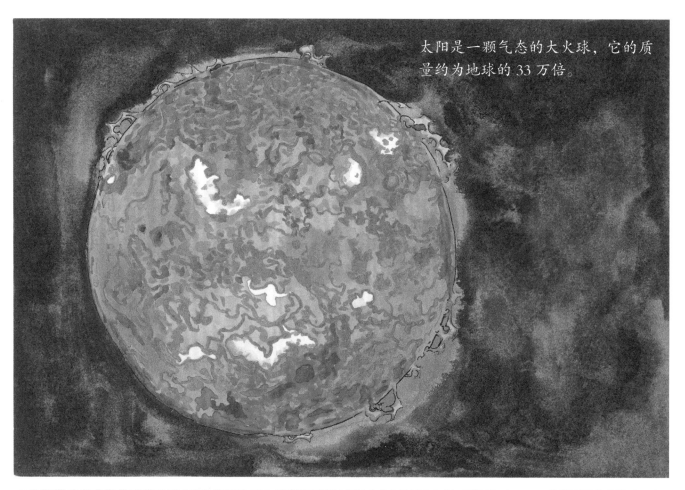

太阳是一颗气态的大火球，它的质量约为地球的 33 万倍。

在中国古代神话中，太阳是住在扶桑树上的三足金乌，每天由神仙的车子载着它，自东向西在天上走一圈。

恒星由炽热的气体组成，能自己发光。距离地球最近的恒星是太阳。整个太阳系的行星，包括地球，都以太阳为中心转动。

太阳内核像核电站一样，不停发生核聚变反应，产生巨大的能量，这些能量辐射到太空中，为太阳系的其他行星带来光和热。

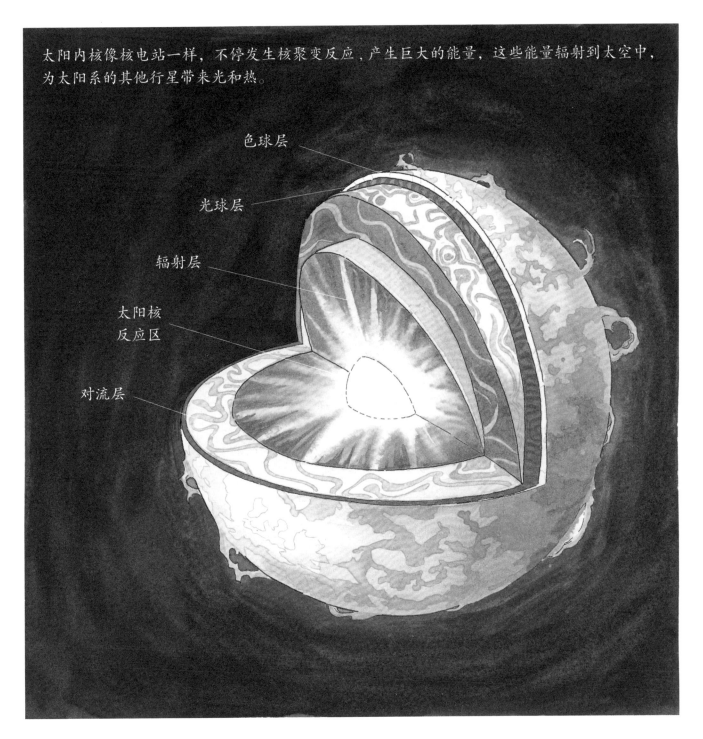

色球层
光球层
辐射层
太阳核反应区
对流层

如果没有太阳，我们的地球将没有昼夜和四季，冷得像个大冰块。

日冕只有在日全食时或通过日冕仪才能看到。

日冕

观测日食时一定要使用太阳滤光片。

太阳的温度，从外向内一层一层逐渐升高。在太阳的外面，还包裹着三层大气层，从内到外依次是：光球层、色球层和日冕层。

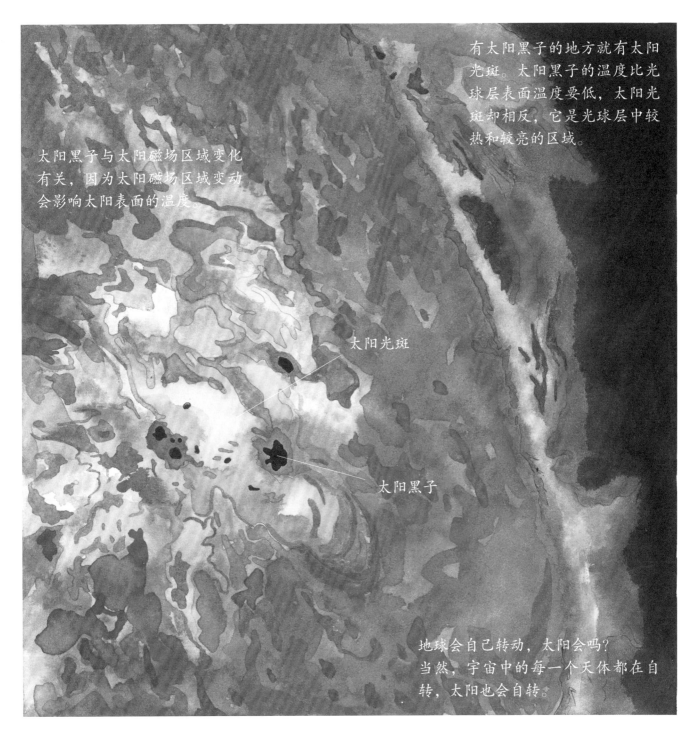

有太阳黑子的地方就有太阳光斑。太阳黑子的温度比光球层表面温度要低，太阳光斑却相反，它是光球层中较热和较亮的区域。

太阳黑子与太阳磁场区域变化有关，因为太阳磁场区域变动会影响太阳表面的温度。

太阳光斑

太阳黑子

地球会自己转动，太阳会吗？当然，宇宙中的每一个天体都在自转，太阳也会自转。

　　有时候，太阳的脸上会长出一块一块的黑斑，这是太阳黑子。太阳黑子是发生在太阳光球层上的一种太阳活动，通常成群出现。

太阳表面的大爆炸会引起太阳内部震动。

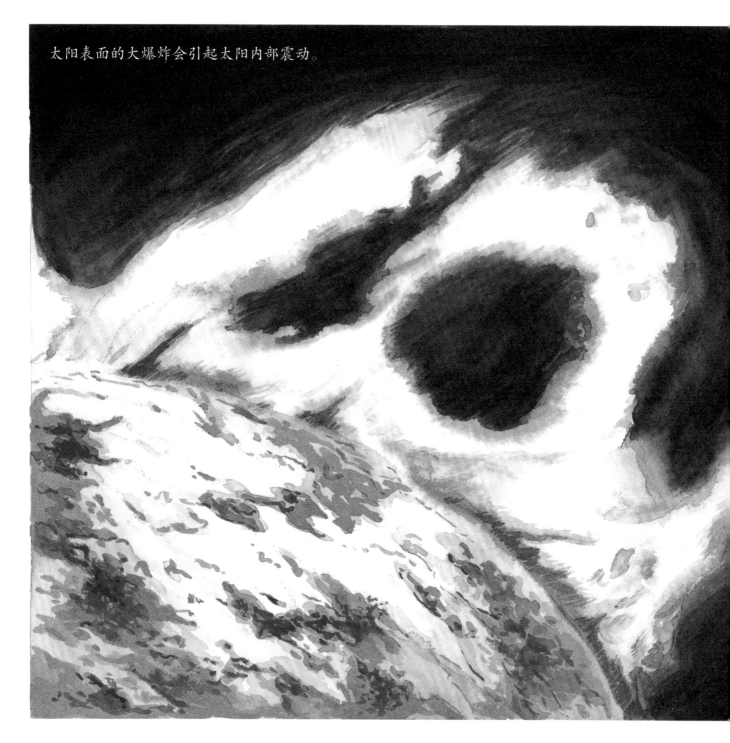

　　太阳耀斑一般发生在太阳黑子群上方，是比火山爆发厉害千万倍的气体大
爆炸。

太阳风暴给我们带来了绚丽的极光。

太阳风暴也会造成不好的结果，比如引起电力中断或破坏通讯系统。

太阳表面的大爆炸，还能引起太阳风暴！

太阳风暴喷射出很多磁力碎片，像一阵风一样在宇宙中窜来窜去，经过两三天到达地球，并对人们的生活产生影响。

太阳风暴能破坏地球上空的臭氧层，造成臭氧层空洞。

阳光里的大部分紫外线被臭氧层吸收。

过量的紫外线会伤害我们的皮肤，破坏我们的身体细胞。

不仅如此，太阳风暴袭击地球时，还会破坏地球的"保护伞"——臭氧层，导致臭氧层出现破洞，大量短波紫外线穿过大气层，伤害人类和动物。

　　紫外线是一种电磁波，地球表面的紫外线大多来自太阳。不同波段的紫外线作用不同，有的紫外线可以让植物快乐生长，也可以帮助人体合成骨骼所需要的维生素 D。

北京故宫的赤道日晷

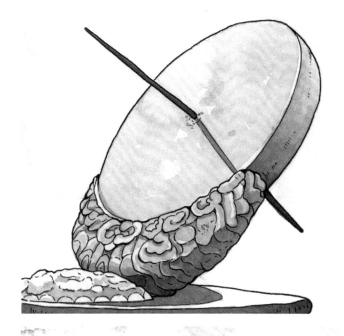

澳大利亚日晷（因为在南半球，时间标志是逆时针转的）

英格兰垂直日晷

巴黎的旅者日晷非常小巧，方便携带。

很久很久以前，人们就开始观察太阳，最早，他们利用太阳移动的规律来预测时间。日晷是通过观测太阳的影子测定时间的仪器。

观测太阳的天文台一般都建造得很高，这样可以避免地面附近的空气受热产生扭曲，对望远镜观测到的画面产生影响。

太阳非常明亮，绝对不可以直接用我们的眼睛观察太阳。

小朋友在观测太阳时，需要有大人的陪伴，我们可以将太阳投影到卡片上或者佩戴太阳观测眼镜来进行观测。

现在，我们发射了太阳观测卫星，还建起了高高的、专门用于观测太阳的天文台。

昂星团是离我们最近、最亮的疏散星团之一，
由超过 3000 颗恒星组成。

除了太阳，宇宙中还有很多恒星。

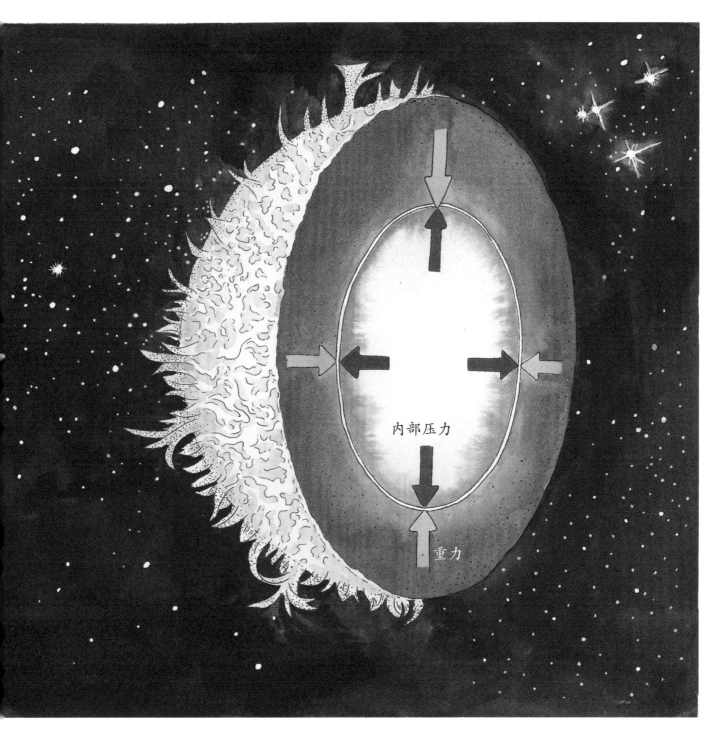

内部压力

重力

　　和太阳一样，作为气态星球，恒星依靠内部的压力与自身重力之间的平衡来保持稳定。

星云是由气体和尘埃构成的云雾状天体，恒星几乎都是从星云中诞生的。

　　恒星来自宇宙中的星云。星云飘散在宇宙里，看起来像一团混合起来的云雾和尘埃，它是生产恒星的大工厂。

星云在收缩过程中分裂成很
多大小不一的小气旋。

当小气旋继续收缩，气旋中心温
度越来越高，开始发生核反应，
一颗新的恒星就诞生了。

当星云不断收缩，再收缩，内部因为压力变得越来越热，恒星就从星云里诞
生啦！

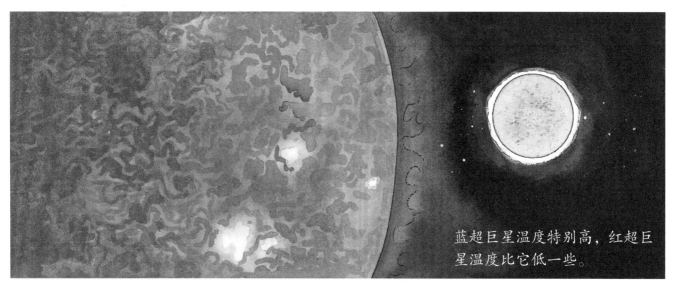

蓝超巨星温度特别高，红超巨星温度比它低一些。

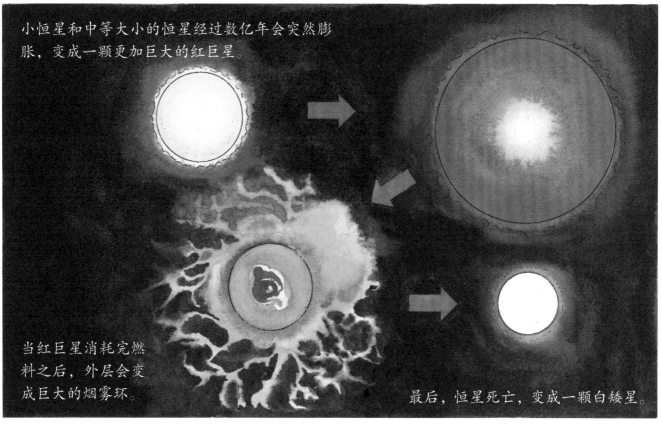

小恒星和中等大小的恒星经过数亿年会突然膨胀，变成一颗更加巨大的红巨星。

当红巨星消耗完燃料之后，外层会变成巨大的烟雾环。

最后，恒星死亡，变成一颗白矮星。

恒星多种多样，它们有不同的大小、不同的颜色，并处在不同的生命阶段。

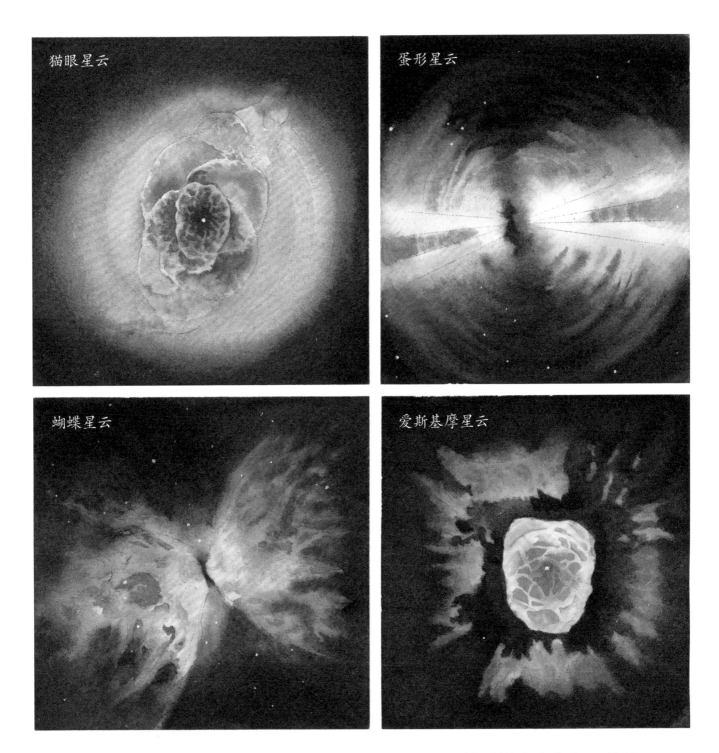

猫眼星云

蛋形星云

蝴蝶星云

爱斯基摩星云

　　红巨星外层在消亡过程中形成的发光烟雾环，又被科学家称为行星状星云，它们有各种有趣的形状。

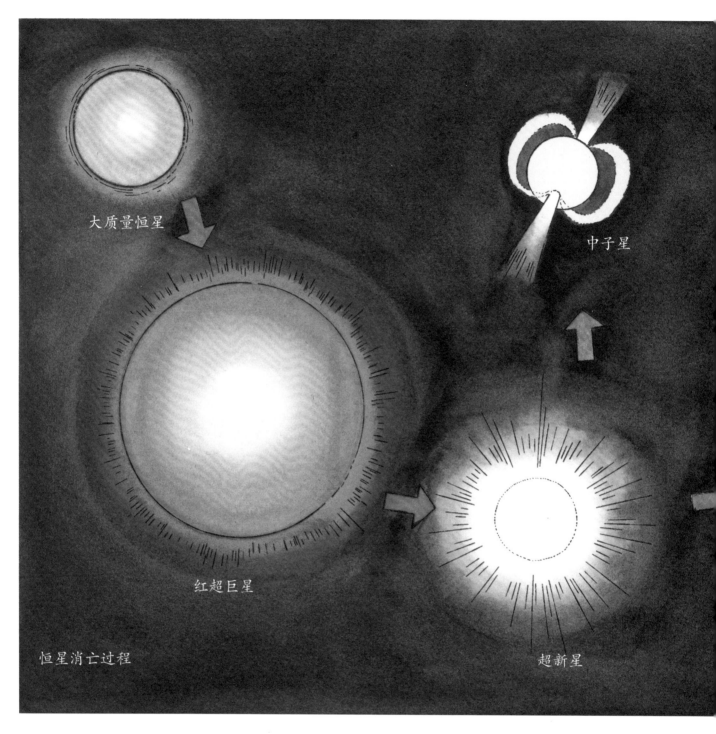

大质量恒星

红超巨星

超新星

中子星

恒星消亡过程

　　大质量恒星和中小质量的恒星不一样，快消耗完自己的燃料时，它会变成更加巨大的红超巨星，然后发生大爆炸！

黑洞的引力特别强大，任何东西靠近它
都难以逃脱，甚至连光线也不能。

黑洞

地球如果变成了一个黑洞，会压缩成为
一个弹珠大小。

恒星衰亡引发的大爆炸会形成超新星，最后逐渐变为中子星和黑洞。

夜晚，天空中那些闪闪发光的星星，大部分都是恒星。

北斗星的斗口一直指向北方，可以帮助迷路的人指引方向。

北斗七星是由七颗恒星组成的一个勺子形状的星群，是大熊座尾巴的一部分。

　　有些恒星组合成特殊的图案，我们称它们为星座。根据星座在天空中的位置，我们可以辨别方向。

来吧，在晴朗的夜晚，让我们带着天文望远镜，一起看各种星座吧！

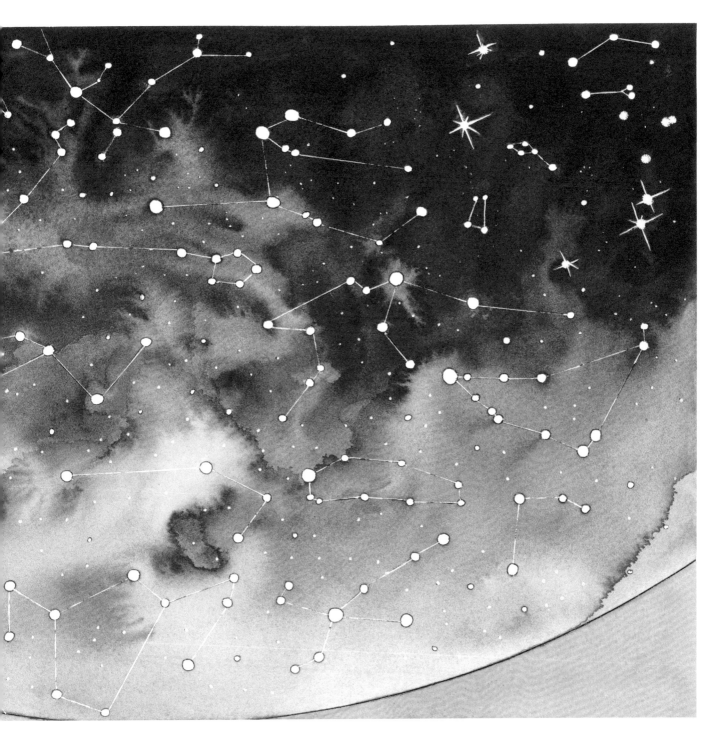

天空中有那么多星星，你知道哪些是恒星吗？

　　地球，就像它的名字一样，是一颗圆圆的球体。它的上下两极略扁一点，
远远望去，就像一个蓝色的大橘子。

商末周初，人们认为，天像个圆盖，地像个棋盘，这就是"盖天说"。

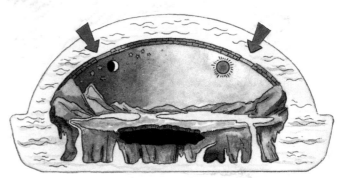

古巴比伦人认为地球像一座镂空的山，外层都是海水。

汉代张衡提出的"浑天说"认为，天裹着地球，就像鸡蛋壳裹着蛋黄。

古印度人认为，大地是被四只站在巨龟身上的大象支撑起来的。

地球太大了，住在上面的我们，根本感觉不出来地面是弧形的。

古人甚至认为，地球是一块巨大的、如同棋盘的方形陆地，天空就像一个半圆的盖子盖在陆地上空。

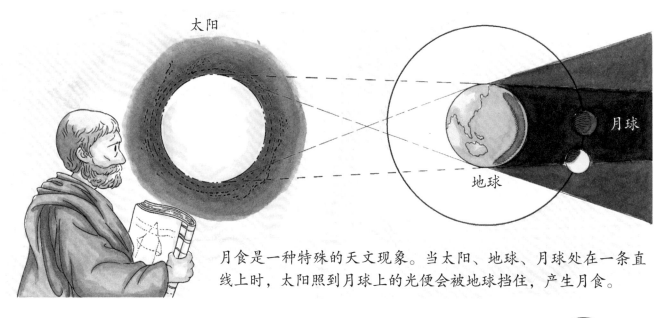

太阳

月球

地球

月食是一种特殊的天文现象。当太阳、地球、月球处在一条直线上时，太阳照到月球上的光便会被地球挡住，产生月食。

我们看到的月亮是被太阳照亮的部分。太阳光会从不同的角度照射在月球上，所以我们看到的月亮形状是不同的。

为了求证地球的真实形状，人们做了各种努力。人们发现，月食时，月球表面的阴影都是呈圆弧形的；站在海边看远方驶来的船只，总是先看到桅杆，再看到船身。这说明，地球不是平的，而是有一定弧度的。

如果地球是圆的，从一个地方出发，朝一个方向一直走，一定能够回到原点。

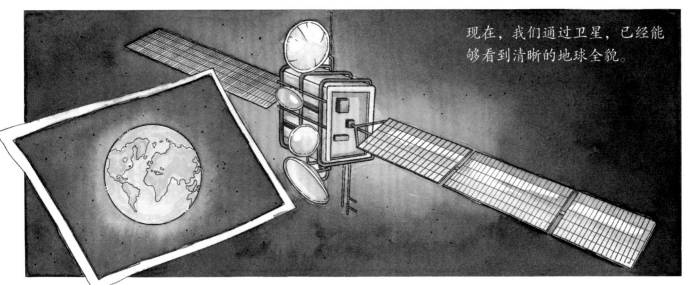

现在，我们通过卫星，已经能够看到清晰的地球全貌。

　　1519 年，大航海家麦哲伦为了证明地球是圆的，带领船队进行了人类历史上第一次环球旅行。

水星

地球

太阳

金星

木星

　　随着航天技术的发展，我们已经确定地球是球形的，太阳系中的其他行星也是球形的。它们以太阳为中心不停旋转，接受太阳带来的光和热。

地球是太阳系中，距离太阳第三远的星球。

火星

天王星

土星

海王星

太阳是个燃烧的大火球，离它太近，会被烤干，离它太远，又会被寒冷笼罩。
地球与太阳之间的距离不近也不远，接受的光照和热量刚刚好，很适合生命生存。

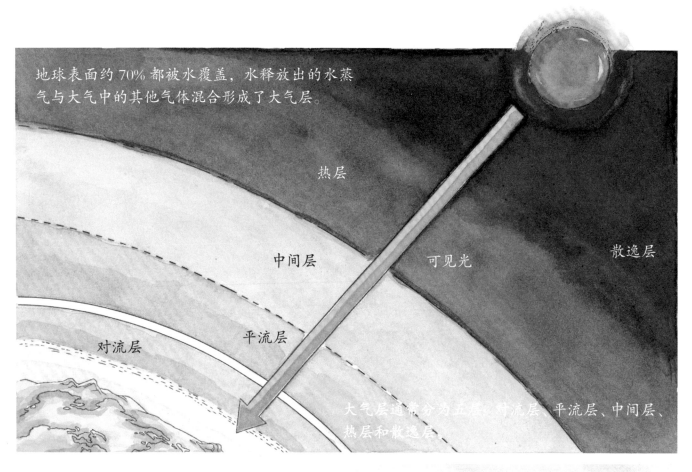

地球表面约 70% 都被水覆盖，水释放出的水蒸气与大气中的其他气体混合形成了大气层。

热层

中间层

可见光

散逸层

平流层

对流层

大气层通常分为五层：对流层、平流层、中间层、热层和散逸层。

在大气层的保护下，地球表面的平均温度约为 15℃。

如果没有大气层，地球表面的水将不复存在，人们将无法生存。

　　我们能在地球上生存，很重要的一个原因是因为地球外面有大气层。大气层像一个透明防护罩，它能吸收对人体有害的紫外线和 X 射线，防止宇宙尘埃袭击地球，同时给我们提供适宜的温度和生存环境。

地幔包裹着地核，由大量炙热的固态岩石构成。地幔也分为上地幔和下地幔，下地幔的压力很大，不容易移动，上地幔会被地球内部的热量驱使，缓慢地移动，从而导致地震和火山喷发。

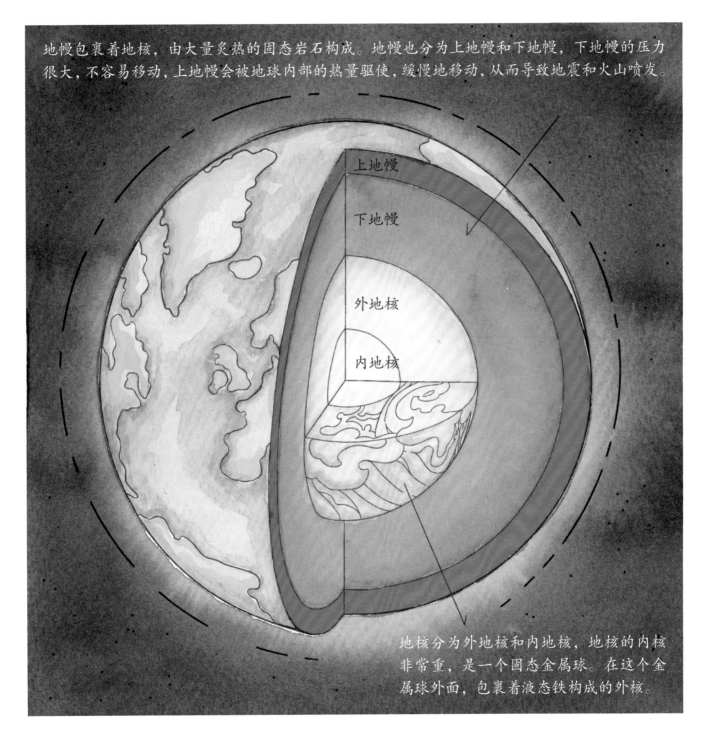

上地幔

下地幔

外地核

内地核

地核分为外地核和内地核，地核的内核非常重，是一个固态金属球。在这个金属球外面，包裹着液态铁构成的外核。

那地球里面是什么样子的？

地球最中心的部位是地核，外面包裹着厚厚的岩石地幔和一层薄薄的地壳。越接近地球的中心，温度就越高。

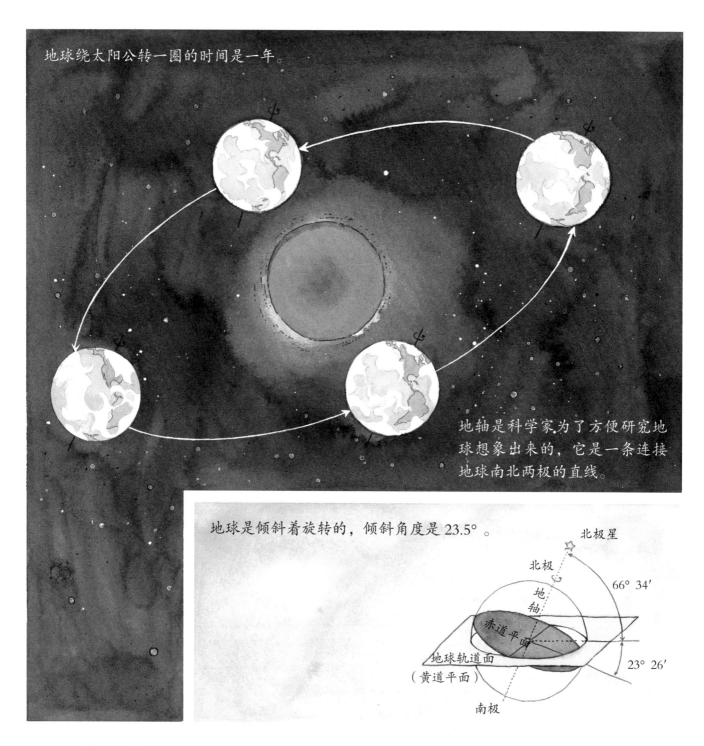

地球绕太阳公转一圈的时间是一年。

地轴是科学家为了方便研究地球想象出来的，它是一条连接地球南北两极的直线。

地球是倾斜着旋转的，倾斜角度是23.5°。

北极星

北极

地轴

66° 34′

赤道平面

地球轨道面
（黄道平面）

23° 26′

南极

地球不知疲倦地旋转。它不仅自己转（自转），还绕着太阳转（公转）。

地球向着太阳的地方是白天，
背着太阳的地方是黑夜。

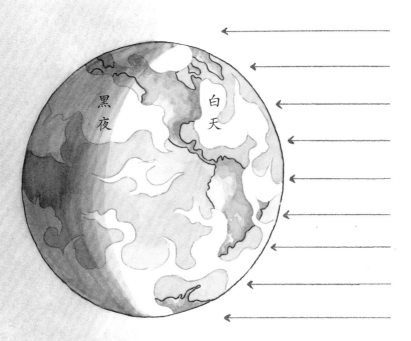

黑夜　　白天　　太阳光

地球自转一圈，就
有一次昼夜交替，
白天、黑夜就这么
有规律地变换着。

在地球的南北极，还会出现
奇特的现象——半年是白天
（极昼），半年是黑夜（极夜）。

北极是黑夜时，南极就是白天；南极是黑
夜时，北极就是白天。

　　地球不会发光，只能反射太阳光。当地球自转时，太阳照到地球的地方就
是白天，照不到的地方就是黑夜。一天有 24 个小时，正是地球自己转了一圈的
时间。

地心引力的产生，是由于万有引力。苹果落地是很平常的事情，英国物理学家牛顿却受此启发，发现了万有引力。

地球不停转动，人为什么不会掉下去呢？这是因为地球有地心引力。

牛顿发现，不仅地球会对周围的一切物体产生引力，实际上宇宙中所有物体间都存在力的相互作用，这就是"万有引力定律"。

地球对一切物体都有吸引力，力的方向是地心。

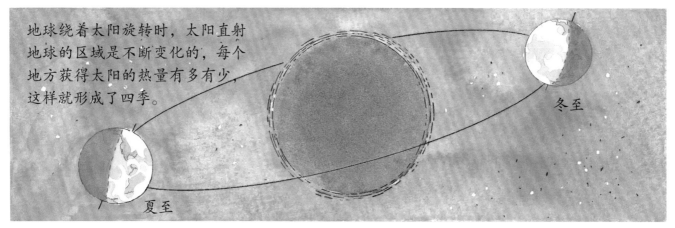

地球绕着太阳旋转时，太阳直射
地球的区域是不断变化的，每个
地方获得太阳的热量有多有少，
这样就形成了四季。

冬至

夏至

　　地球绕着太阳公转一圈的时间是一年。这一年当中，除了赤道和南北极地
区，我们都能感觉到明显的季节变化。

南北半球的季节正好相反，北半球是春季时，南半球正处在秋季。

一年之中，有四次明显的季节变化，分别是春、夏、秋、冬。

春天，太阳照在身上暖洋洋的，
非常适合外出郊游、放风筝。

　　春天，整个世界慢慢醒过来，植物破土而出，长出了新叶；动物结束了冬眠，
开始寻找食物。

夏天是一年中最热的时候，人们会通过吹空调、风扇，或吃冰激凌、西瓜降温。

夏天，是最炎热的季节，太阳火辣辣的。植物接受了足够的阳光照射，生长得十分繁茂。

秋天，很多树叶会变成漂亮的金色或红色。

秋天，天气变得较为凉爽，植物经历了春天的萌芽和夏天的生长，结出了丰硕的果实。

雪是寒冷空气中凝结的小冰晶碰撞在一起形成的。

冬天，地面获得的阳光最少，气温大幅降低，有些地区甚至会下雪。大部分树木都变得光秃秃的。

赤道在地球中间的位置，就像地球的腰带，是人们想象出来划分南北半球的一条线。

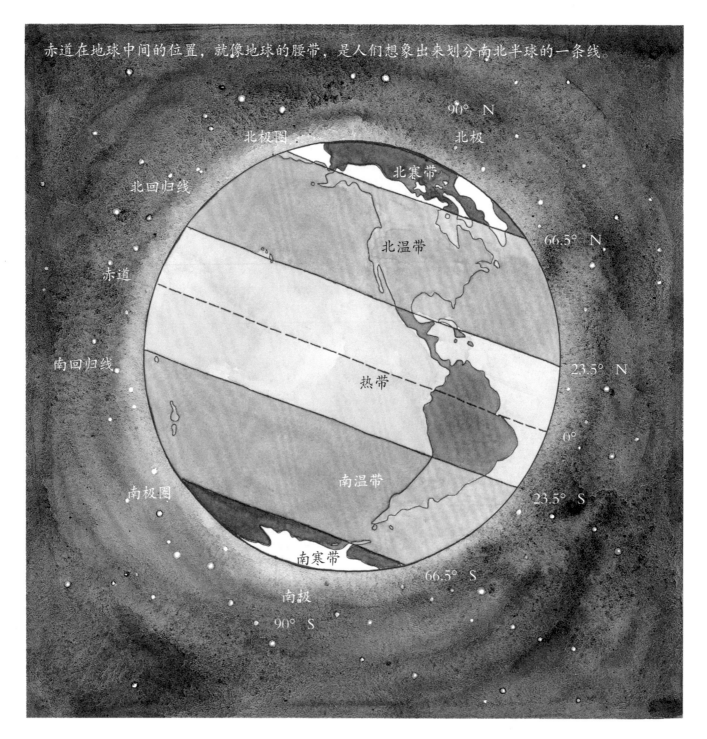

并不是每个地区都四季分明，根据各地获得阳光照射的时间长短和热量多少，科学家按纬度从低到高把地球分为五个温度带，分别是：热带、北温带、南温带、北寒带和南寒带。

赤道附近的区域是热带，在一年当中，热带一直接受
着足量的阳光照射，一直都很热。

寒带和热带正好相反，即使有阳光照射，也因为照射
角度过于倾斜，得不到足够的热量，一直都很寒冷。

北寒带

北温带

热带

南寒带　南温带

中国大部分地区位于地球的北温带，这些地
区四季变化非常明显。

四季变化最明显的区域是温带。

四季变化最不明显的区域是热带和寒带。

四季就这样一个一个、一年一年轮流出现。

你居住的地方，现在是什么季节呢？

奇特的茎叶

美丽的花草

植物的馈赠

不一样的植物

史前动物与身边动物

沙漠动物与水中动物

极地动物与热带动物

地上和地下的动物王国

汽车飞机跑得快

轮船列车肚量大

工程机械好帮手

让一让城市作业车

花样主食和糕点

蔬菜水果要多吃

肉类水产营养多

大豆和调味品的秘密

海洋生物大揭秘

另类海洋生物

海底宝藏探秘

不可捉摸的海洋

奇妙的身体和衣服

身边的科学

物品哪里来

神奇电器仿生学

神奇的地球

善变的地球

地球和恒星

从银河系到宇宙

图书在版编目（CIP）数据

地球和恒星 / 蓝灯童画著绘 . -- 兰州 : 甘肃科学
技术出版社 , 2021.4
ISBN 978-7-5424-2823-3

Ⅰ . ①地… Ⅱ . ①蓝… Ⅲ . ①地球－少儿读物②恒星
－少儿读物 Ⅳ . ① P183-49 ② P152-49

中国版本图书馆 CIP 数据核字 (2021) 第 061012 号

DIQIU HE HENGXING

地球和恒星

蓝灯童画 著绘

项目团队　星图说

责任编辑　赵　鹏

封面设计　吕宜昌

出　版　甘肃科学技术出版社

社　址　兰州市城关区曹家巷1号新闻出版大厦　730030

网　址　www.gskejipress.com

电　话　0931-8125108（编辑部）0931-8773237（发行部）

发　行　甘肃科学技术出版社　　　　印　刷　天津博海升印刷有限公司

开　本　889mm×1082mm　1/16　　印　张　3.5　字　数　24千

版　次　2021年10月第1版

印　次　2021年10月第1次印刷

书　号　ISBN 978-7-5424-2823-3　　定　价　58.00元